宠物龟养殖小百科

[英] 　安德鲁·海费尔德　著
　　　纳丁·海费尔德
　　　吕　潇　译

科学普及出版社
·北京·

图书在版编目 (CIP) 数据

宠物龟养殖小百科 ／（英）海费尔德，（英）海费尔德
著；吕潇译 . — 北京：科学普及出版社，2013.1
　ISBN 978-7-110-07858-7

　Ⅰ. ①宠… Ⅱ. ①海… ②海… ③吕… Ⅲ. ①宠物－龟科
－淡水养殖 Ⅳ. ① S966.5

中国版本图书馆 CIP 数据核字 (2012) 第 238886 号

Original title: Keeping a Pet Tortoise

ⓒ 2010 Interpet Publishing.
著作权合同登记号：01-2012-0785
版权所有 侵权必究

责任编辑　许 英　　王 菡
封面设计　张 文
责任校对　赵丽英
责任印制　张建农

出版发行　科学普及出版社
地　　址　北京市海淀区中关村南大街 16 号
邮　　编　100081
发行电话　010-62173865
传　　真　010-62179148
网　　址　http://www.cspbooks.com.cn

开　　本　720mm×1000mm　1/16
字　　数　135 千字
印　　张　6
印　　数　1—6000 册
版　　次　2013 年 1 月第 1 版
印　　次　2013 年 1 月第 1 次印刷
印　　刷　北京九歌天成彩色印刷有限公司

书　　号　ISBN 978-7-110 - 07858 - 7/S·515
定　　价　20.70 元

作者简介

安德鲁·海费尔德已经接触陆龟和海龟的工作将近30年，并且在1984年同已故的吉尔·马丁共同创立了陆龟关怀组织Tortoise Trust。随后，他在1990年出版了具有极高影响力的著作《圈养陆龟的养殖》。1994年，他又继续针对陆龟和海龟撰写了《龟类关怀指导》一书。1996年，他编写了《陆龟与淡水龟养殖实用百科大全》。目前为止，他已经发表了大量的科学论文，并且在各大主流爬行动物饲养杂志担任作者和摄影师。此外，他就陆龟保护和圈养管理技术方面在世界各地进行讲演，还担任了众多传媒项目的顾问，并且在世界率先创立了龟类养殖管理的网络课程。目前，他仍继续担任陆龟关怀组织的负责人并担任致力于陆龟健康与保护的"吉尔·马丁基金会"主席。在陆龟和海龟的保护与圈养繁殖方面，他被公认为是世界上最著名的权威人士之一。

纳丁·海费尔德在新泽西州和罗得岛州同海龟一起成长，这致使她将龟类保护、救援以及生病康复培养成为自己一生的兴趣所在。她发表了许多有关龟类保护方面的文章，并且近期在英国陆龟关怀组织中负责那些被救助的患有严重疾病龟类的康复工作。她担任了多种相关课本的技术顾问和编辑，并且建议大公司就龟类保护和福利影响方面在电视广告和媒体宣传中进行形象化描述。她特别致力于教育和培养年轻人在宠物关照和福利问题方面的责任心。她同时也是一位资深的自然史学摄影师。

目　　录

概 述

长久以来，陆龟都是一种极为受欢迎的宠物，但照顾它们却并非易事。尽管它们在大众的印象里是一种相对容易照料的宠物，但事实却并非如此。通常情况下，所有爬行类宠物都对环境和饮食具有极为精准的需求，陆龟也不例外。

陆龟存在于不同栖息地的广阔地域中，可以说陆龟出现在世界的各个角落，从潮湿的热带雨林到干旱的沙漠地带，从气候极寒的地区到根本没有冬季存在的区域。在各种环境下，它们都发展出了自身特有的生存策略及行为方式来应对它们所处的环境。因此，在决定饲养何种宠物龟时，必须周密地考虑以上这些因素。不同宠物龟对于环境及营养的多样需求意味着你在考虑饲养它们时，不能仅仅依靠那些通用方法。显然的，根据宠物龟的自身情况，考虑它们的个体种类是至关重要的。

> 陆龟存在于不同栖息地的广阔地域中，可以说陆龟出现在世界的各个角落，它们都发展出了自身特有的生存策略及行为方式来应对它们所处的环境。

做好准备工作

宠物陆龟的死亡率是极高的。如果你在购买前做了充足的研究工作，并且保证对你所要继续完成的工作完全清楚的话，那么这些死亡大部分是可以完全避免的。切忌在没有查阅任何有关养龟的可靠资料的情况下，仅凭一时冲动就购买了宠物龟。还有一个好办法就是反复

要记住！可爱的幼龟可能会长成巨型成年龟

上图：有一种错误观念认为陆龟是很容易饲养的。事实上，每种陆龟都需要特别的照料方式，而负责的宠物龟主人应该在饲养前就明白这一点。

左图：不要以为你可以轻易地离开宠物龟，让它独自在花园中照顾自己。它需要你给予更多的照顾。

核对你所获取的信息，不要放过任何可靠信息。令人遗憾的是，确实仍有大量十分低劣和危险的信息存在，尤其是出现在那些已过期的书本以及网络的资料信息。

本书不可能对你将要遇到的所有陆龟种类进行详尽的介绍，但涵盖了宠物龟商店中所常见的陆龟种

上图：捕获的野生陆龟通常被饲养在极为恶劣的条件下，而这种龟类买卖是违法的。

类。还有许多其他种类的龟，其中某些种类的买卖和所有是属于法律严格禁止的。在任何情况下，都不要伤害那些你感兴趣的并受法律有效保护的任何种类的陆龟。即便像地中海陆龟的一些常见种类，现在也被列为《濒危野生动植物种国际贸易公约》（《华盛顿公约》，CITES）中某个条例的保护对象，并且可能还需要对其所有权进行特殊许可才能够购买或运输它们。除《濒危野生动植物种国际贸易公约》及其他所有权形式的限制之外，世界上许多种类的陆龟还受到当地野生动物法律的保护，无论它们是从野外捕获或是圈养繁殖，都受到严格限制或者完全禁止。

饲养的指导原则

当你有了饲养宠物龟的想法时，你需要在一开始就考虑方方面面的问题，包括以下几方面。

规模及空间需求

不论在哪儿，你都可能听到这样的说法，即陆龟不适合在一成不变的生态玻璃池的环境中饲养。没有任何陆龟能够成功地、人道地被饲养在玻璃池中。即便是一些小型种类的陆龟也需要比你最初预想的更大空间来进行饲养。此外，特别是像豹纹陆龟、非洲盾臂龟等一些种类的陆龟能够生长到像成年人一样大的体型。难道你真想因为抱不动这只巨大宠物就放弃对它的饲养？你可能会非常吃惊怎么会有这么多人犯下这样的错误，即在购买"可爱的小龟"时没有意识到它们会在短短几年内成长为20千克重的大家伙。

室内和室外居住需求

所有种类的陆龟在室内外都需

上图：图中是一只爬行在其自然生存环境中的南非豹纹陆龟，从图上可以看出成年豹纹陆龟可以生长到很大的体型。

上图：将不同种类的龟混在一起饲养会导致严重损害，如龟壳的损伤。

要有可靠、安全的生存设施。如果你生活在寒冷气候区域，那么你需要为它们在一年的几个月中提供适当的光照和取暖设备。室外围栏不光是用来防止宠物龟逃跑，而是全面保护它们抵御潜在的食肉动物的入侵。在本书中，我们将详细探讨宠物龟住所条件的需求。

安全与卫生

在任何情况下，你都不能将不同种类或来自不同地域的动物混合在一起饲养，因为它们不仅在营养和环境需求上完全不同，并且在行为方式上也常常大相径庭。让不同种类宠物龟混合接触，将会导致竞争压力和严重疾病的发生。另外，

其他种类陆龟对某些种类龟所携带的致病微生物只有很少甚至没有抵抗力，因此将它们混合（或者简单接触）在一起饲养会发生交叉感染，导致疾病发生，甚至容易招致死亡。这样做对人类健康危害不大，但危险也是确确实实存在的。对待所有爬行动物，都应该给予它们适当的照顾，并且注意保持它们足够的卫生。为人们和陆龟准备食物的区域要分开，并且你在接触完陆龟后，一定要用除菌皂将手完全洗干净。在接触不同种类宠物龟之间时，手的清洗也同样重要。卫生是龟类照料管理中极为重要的一个部分，采取这样的预防措施可以极大降低患病风险，并且还避免了用在兽医诊疗上的花费。

圈养繁殖陆龟的选择

你一定要选择卫生的圈养繁殖龟而不是野生捕捉的种类，除非你决定从救助组织中领养一只海龟或陆龟。由于聚集的压力、长距离的运输、不恰当的处理以及缺乏照料，这些捕捉来的野生海龟或陆龟更有可能生病。它们也可能在宠物买卖过程中接触了其他种类的动物，这使得它们患有许多感染性疾病。需

上图：永远选择圈养繁殖的龟类而不是野生捕捉的种类。这样的龟更加健康并且远离寄生生物的困扰。

要注意的是，一只陆龟可能表面上很健康，然而却已经患有严重疾病或是高度寄生性传染病，这就需要马上到兽医那里就诊。

在这里所列举的考虑因素似乎令人畏惧，但从某些方面来说也确实如此。

但只要你做好充分的计划和准备工作，所有这些都是可以控制和应对的。然而，将陆龟当作宠物来饲养并不像随便承诺某些事情那样简单。在后面的几个章节中，我们将仔细审阅养龟所需注意的方方面面，并且将形成一些可靠的、一般性原则来保证你和你的宠物龟在饲养之初就拥有一个极佳状态。

地中海陆龟和俄罗斯陆龟

在这一章节中将介绍地中海陆龟和俄罗斯陆龟的常规饲养，它们都属于陆龟属。实际上，俄罗斯陆龟和地中海陆龟的饲养是十分相似的。陆龟属中的大多数种类（但并非全部）都是以冬眠方式过冬。

地中海陆龟

这一种类包括希腊陆龟（俗称欧洲陆龟）、赫曼陆龟和缘翘陆龟。这是一个十分复杂的群体，由来自不同的地理类型、亚种以及具有争议的大量种类所组成。一般来说，希腊陆龟群体是所有分类中最具挑战性和争议性的，并且这个群体中的那些不同地域的陆龟也有着极大差异，这给那些种群描述和分类学家摆出了一道大难题。在赫曼杂交陆龟群体中至少包括2种，也可能是4个不同种类，缘翘陆龟的地位甚至也都面临质疑。希腊陆龟根据地域来源可以被分为两大主要类别：北非杂交龟，西亚中东杂交龟。

北非杂交龟

希腊陆龟出现自摩洛哥南部，遍及阿尔及利亚、突尼斯、利比亚等地区。它们也出现在西班牙南部和一些西班牙岛屿上。并且这些地区的陆龟之间存在着大量差异。在这个巨大且各异的范围里，有一部分地区的陆龟是通过冬眠来过冬的，在其他区域的陆龟是通过夏眠（蛰伏）来度暑的。而在某些地方既存在冬眠又有夏眠。

西亚和中东杂交龟

这一希腊陆龟类别中的特殊杂交群体出现在位于黑海沿岸的土耳其（大部分贯穿中东地区）。这些由土耳其起源的希腊陆龟一直被称为希腊陆龟ibera亚种。它们在野外的一般行为同希腊陆龟的北非杂交种类非常相似，但是同其他种类陆龟之间比较，它们的行

上图：希腊陆龟，俗称欧洲陆龟。

左图：一只利比亚起源的地中海陆龟，希腊陆龟昔兰尼加亚种。

右图：在土耳其，希腊陆龟ibera亚种就被发现在这个典型栖息地中。

为却存在着巨大差异。例如，它们与北非杂交种类龟的亲缘种类相比，就呈现出更为典型的相互挑衅、撕咬及撞击等行为。这一表现对于圈养这些种类龟来说是重要的，如果将生活行为不相适应的陆龟混养在一起则会导致严重的伤害。

上图：常见的赫曼陆龟。

左图：在圈养条件下，希腊陆龟需要一个宽敞、干燥且排水极好的围栏，并且要一直保证淡水的供应。

四趾陆龟或俄罗斯陆龟

这一种类的陆龟并不生活在地中海地区，而是出现在中亚的草原或高山地区，包括巴基斯坦、阿富汗以及苏联的西部。这类陆龟在野外只有很短的活动期（一般也就几个月），剩余时间都被用来冬眠过严冬或者夏眠度酷暑。这类陆龟属于相对容易圈养的种类。圈养它们主要需要的就是非常干燥低湿的圈养基底，并且能够让它们自己制造碎屑和挖掘洞穴。如果将它们圈养在寒冷、潮湿或者是湿度较高的环境条件下，那么俄罗斯陆龟会很快因潜在的呼吸道疾病、皮肤病或龟壳感染而死亡。同陆龟属的其他成员一样，俄罗斯陆龟也属于食草动物，需要非常注意它们饮食中花卉和新鲜蔬菜的构成平衡，而不用为它们提供动物蛋白。这类陆龟能够（也应该）在圈养地内进行冬眠，这能够使他们顺利、健康地成长。

> 圈养它们主要需要的就是非常干燥且湿度很低的圈养基底，并且能够让陆龟自己刨造碎屑和挖掘洞穴。

理想的照料条件

但是，从一般圈养陆龟的管理角度来看，所有这些种类的陆龟都需要大体相似的照料。它们都是食草动物，需要那些以植物树叶、花朵为基础的低蛋白、高纤维并且钙含量丰富的饮食。它们都需要相对干燥、排水性能良好的基底环境以及

右图：一只雄性俄罗斯陆龟。在圈养地中为它们提供安全的围栏是十分重要的，因为这些陆龟是极为敏捷的，并且会一直尝试逃跑，还能够在圈养地下打洞。

上图：这只俄罗斯陆龟被拍摄于大麻纤维基底之下。大麻纤维被非常广泛地用在室内陆地动物饲养容器内，并且还用于过夜用的垫草里。但是，这种纤维中含有非常坚硬的、锐利的碎片，这会给陆龟带来难以承受的危险。这些大麻纤维可能会刺伤陆龟，也会使其有吞下利物致死的危险。因此，我们建议饲养陆龟时不要使用大麻纤维。

下图：埃及陆龟需要干燥、沙质的栖息地。

上图：四趾陆龟。

下图：四趾陆龟或俄罗斯陆龟常常被作为宠物龟饲养。

温暖的生长环境，取暖设施要完备充足。此外，还需要为它们提供全天候的饮用淡水。在大多数情况下，这些种类的陆龟既能够在野外冬眠，也可以在圈养地内冬眠。但是正如前面所提到的那样，一些来自某些区域的地域类型陆龟是不能在野外冬眠的，并且将它们管制在圈养地内冬眠也是十分危险的。因此，明确你所饲养的宠物龟是何种类型是非常重要的。描述所有可能出现的陆龟种类以及照料它们的足够详细的细节需求已经超出了本书的范围，而专业的陆龟科学社团则会在这方面能够提供更多的建议。

干旱栖息地的热带陆龟

热带陆龟具有巨大体型，并且出现在多种生境中，从干旱草原到沙漠以及真正的热带雨林都有它们的踪影。在饲养它们时需要认真考虑的一个因素就是这类陆龟从不冬眠，因为它们一年365天都需要充足的热度和光照。

上图：豹纹陆龟是一类标志性很强的陆龟种类，它们喜欢半干旱的栖息环境。

豹纹陆龟

豹纹陆龟发现于南非有草覆盖且灌木丛生的栖息地中。这种陆龟虽然在幼年时常被作为宠物龟买卖，但是很重要的一点就是要意识到它们在成年时会长成巨大体型。比如成年豹纹陆龟可能会长到60厘米长，体重超过35千克。

这类陆龟不进行冬眠，因此它们需要一整年都有温暖的居所。并且，由于天气情况的不适宜，在无法外出时期，它们的食物供给也是很困难的。如果没有经过仔细斟酌，请不要饲养这类陆龟，因为饲养它们所要承担的义务和花费实际上是非常可观的。在圈养情况下，豹纹陆龟需要一直生活在温暖、干燥且空间巨大的居所，以及日常能够外出的放养区。

豹纹陆龟需要大量的锻炼，并且不能认为它是适宜圈养或室内饲养的动物种类。豹纹陆龟是属于非洲大草原的动物种类，一旦缺少

上图：位于南非西开普省区域内的典型干旱生境。

左图：非洲盾臂龟是世界上最大的陆龟之一。

了草类和充足的锻炼将很快引发一系列的健康问题。对于这类陆龟来说，潮湿和寒冷是非常严峻的问题。那些能够让豹纹陆龟易于进行身体浸润和饮水的温暖而干燥的生存条件是必不可少的。大多数豹纹陆龟的饲养者都发现他们需要一个室外围栏和既大又温暖并且隔热的庇护棚的联合结构来搭建豹纹陆龟圈养地，或者是其他一类能保证在寒冷气候下室内居住条件的建筑物。豹纹陆龟是非常具有吸引力的一类动物，但是你在下决心饲养之前，一定要确定完全了解饲养它们所需承担的任务和花费有多大。

左图：沙漠和干旱生境内生存的陆龟，它们的腿上一般都具有厚厚的一层重叠的鳞片。

非洲盾臂龟

这类极大型的陆龟可不能和地中海—欧洲陆龟相混淆，后者不仅在体型上相对较小，并且在饮食和环境需求上与非洲盾臂龟有很大不同。但令人遗憾的是，许多龟类交易商也会将这两种陆龟错误地混淆，将非洲盾臂龟称为非洲—欧洲陆龟。它们的准确名字应该叫非洲盾臂龟或者苏卡达陆龟。有关豹纹陆龟的说明同样适用于非洲盾臂龟，但需要更多解释。非洲盾臂龟是世界上最大的陆龟之一，它们的龟壳长度可达83厘米，体重最高纪录可达105千克。

观，还会挖掘巨大的洞穴，并且还能够在篱笆和墙根下进行挖掘。另外，非洲盾臂龟在饲养条件上的需求同那些个头相对较小，但实际上体型也不小的豹纹陆龟或多或少地相同。它们的饮食也同豹纹陆龟十分相似，因为它们中的大部分需要富含纤维的混合草类饲料。非洲盾臂龟不需要

非洲盾臂龟需要一个在炎热、干燥气候下非常大的室外放养区生活。如果你无法为它提供这些基本的常备设施，那么请不要将非洲盾臂龟作为宠物来饲养。世界上的救援中心收留了大量的被人们购买的非洲盾臂龟。这些人在购买非洲盾臂龟时并没有意识到饲养它们将有多难。它们不仅仅对空间需求十分可

右上：头部和前腿可以缩进龟壳中，这是一种自我保护的方式。

左图：印度星龟的龟壳是用作伪装它自己的，当它在位于印度次大陆自然生境的那些干旱、草地环境中时，它的龟壳将其身体外形轮廓线分割开来。

下图：位于北美的沙漠陆龟的典型栖息地。

冬眠。两只公龟不要放在一起饲养，因为它们会显现出更高的攻击性并且会击打对方而导致严重伤害。

印度星龟

这是一类极具标志性的陆龟，它们出现在亚洲的半干旱、多荆棘和草原生境中。同所有热带出身的陆龟一样，印度星龟不冬眠，并且整年都需要宽敞、温暖的居住环境。要尽可能地常为它们提供自然光照的机会，但要注意别让它们被晒得过热。庇荫处也是同样重要，尤其是在酷热气候下。同豹纹陆龟一样，印度星龟享受曝晒，而且它们的健康成长是需要晴朗、干燥和温暖环境的。如果将它们饲养在室内，则必须为它们提供口服维生素D_3营养剂，或者利用高功率的UV-B全光谱灯并且进行定期更换（见第

右图：印度星龟出现在半干旱、多荆棘和草原生境下，在那里它们放养在广阔的混合草类中。星龟具有天然生长着鳞甲的龟壳。这一外貌具有高度多样性——具有光滑龟壳的和具有非常凹凸不平龟壳的种类都存在于星龟类群中。

65～67页）。

印度星龟在严格意义上是食草动物。在圈养它们时出现的常见错误就是喂食太过于柔软、高含水量的食物，例如生菜、西红柿和水果等。而相反的，这类陆龟更需要那些在混合草类食物基础上的粗糙、高纤维含量的食物。喂食过多的水果常常会导致十分严重的胃部不适。星龟很喜欢被放养在草坪上，这似乎也在源头上阻止了大量类似胃部不适这类问题的发生。永远不要给星龟提供肉类食品，并且像豆类或豌豆这类经常出现在食谱中的高蛋白蔬菜也不要喂给它们。因为这些会导致它们过度生长，骨骼形成质量下降，引发危险的血清尿素水平升高，膀胱结石以及肝脏问题。它们对钙以及矿物微量元素的需求很高，因此营养品的应用至关重要。

星龟喜欢饮用和浸润在浅水中，因此要确保为它们提供洁净洗浴和饮水用的浅池。不要将印度星龟与其他种类陆龟混合在一起饲养，因为尽管其他陆龟呈现出健康的状态，但星龟还是很容易从那里感染疾病。

潮湿栖息地的热带陆龟

红腿陆龟

红腿陆龟可能是所有南美热带陆龟中最普遍的一个种类了。红腿

池也是必不可少的，因为红腿陆龟非常享受每天在微温的水里洗澡。

红腿陆龟的饮食是综合且多样化的。它们属于少数杂食性陆栖陆龟种类之一。它们的饮食结构基本由大约95%的花朵、绿叶以及水果和5%的动物蛋白组成。对于黄腿陆龟来说，除了需要稍高水平的环境湿度外，对其照料需求也基本上与上述相同。成年红腿陆龟是体型十分巨大的动物，它同豹纹陆龟一样需要很大的活动空间，困难的就是为它们提供室内外充分的湿度。

上图：红腿陆龟之所以得名是因为它的腿上有大量装饰用的亮红色鳞片。

陆龟栖息在遍及南美的草原和森林生境中。此类陆龟不需要冬眠。它们昼夜都需要22～28℃的持续温暖。湿度对于红腿陆龟来说也同样重要，尤其对于幼龟和刚孵化的小龟来说尤为重要，如果一旦环境太过干燥会导致它们患病。一个大的可浸浴的浅

 龟壳上铰链结构的位置

 胸甲上铰链结构的位置

 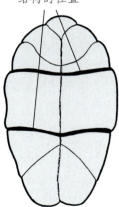

上图：折背陆龟能够关闭其龟壳背部来保护它们远离捕食者的袭击。

上图：钟纹陆龟广泛地分布于匚非和南非地区，在那里它们喜欢在干旱草原上栖息。

折背陆龟

折背陆龟种类之所以有这个共同的名称是源于它们是唯一在龟壳背部具有可活动铰链结构的陆龟种类，这些结构作为一种防御机制来保护它们那柔软、肥厚的身体部分免受捕食者的袭击。它们在野外被发现于中非的热带地区。所有折背陆龟都需要持续的温暖环境。贝氏叉陆龟（钟纹陆龟）相较于雨林折背陆龟或荷叶陆龟更能忍受干燥环境，而后两者需要一个高湿度水平的生活环境。如果不能为它们提供潮湿环境将会导致严重的眼部炎症的发生，还可能导致呼吸问题和肾脏疾病。在过于干旱环境中饲养的折背陆龟会表现得没精打采、懒散，还会拒绝喂食。利用喷雾器偶尔地喷洒适当的水雾常常会对上述情况很有帮助。此外，让它们能够在较浅的温水中洗澡或定期浸润是极其重要的。

上图：荷叶陆龟。它们的龟壳拱起一个鲜明的角度，并且在背甲末端呈现突然地向下倾斜。

大多数折背陆龟，尤其是雨林折背陆龟和荷叶陆龟厌恶明亮的光照，喜欢阴凉、温暖和非常潮湿的生活环境。由柏树碎屑和落叶组成基底对这类陆龟来说是非常理想的。不同于大多数陆龟，非洲折背陆龟属于杂食性动物和食虫动物。在野外，它们的饮食包括了蜗牛、蛞蝓、马陆，以及掉落的水果、草类和植物等。折背陆龟因作为一种很难饲养的陆龟而闻名，因此除非你有丰富的经验否则不要将它们作为理想宠物龟饲养对象。

如何选择健康陆龟

如果在宠物商店或者从饲养者那里购买陆龟，不要害怕对他们提问或对动物进行仔细的检查。要核对你所获悉的完全来自中立第三方给予的饲养陆龟的建议，例如，那些知识渊博的朋友或者陆龟组织机构。近距离地观察陆龟，会有一些迹象能够反映陆龟状况。初次检查可能呈现为以下几步：

检查鼻孔：在陆龟鼻孔张开时，查看排放出的物质。关闭的鼻孔或者狭窄的鼻孔表明陆龟患有慢性鼻炎或者可能是鼻脓肿

嘴内部的检查：查看是否有贫血症，这也是大量内外寄生虫存在的通常表征。嘴巴内部的颜色应该是健康的淡粉色。嘴里浓稠的唾液、溃烂或者出血都表明可能出现了感染。黏膜或舌头上的棕黄色物质通常是由于被称为"烂嘴病"或"坏死性口炎"的细菌感染所导致的，这种情况是具有很高的传染性。如果群体中的一只陆龟患有这样的疾病，那么你可以认定群体中的所有陆龟都会接触到感染。

胸甲和龟壳应当有适度弹性，而不应是柔软的。在很小的幼龟当中，胸甲和龟壳的柔软趋势是一种典型特征，但是如果龟壳真的很软或者呈现出块状的话，那你应该怀疑是否出现了钙或者维生素D₃的缺乏问题

陆龟被举起来时应该感觉是实心而非空心的。如果你在拿捏这些陆龟是否实心方面没有经验的话，可以用其他同样大小的物品进行比较

查看眼睑是否肿胀、有分泌物以及泛红；眼睛应当是明亮且不浑浊的。仅位于眼后（耳朵处）的肿胀通常表明陆龟的中耳患有感染或脓肿

张嘴呼吸。这能说明当下陆龟的呼吸问题

排泄物如果依附在泄殖腔说明陆龟具有肠内寄生虫、细菌感染或者是饮食不合理等问题

如果陆龟的后腿出现持续的外伸，那么可能意味着便秘、卵滞留、严重的钙缺乏、肠道问题或者是膀胱结石等问题

上图：过度拥挤的陆龟在一起能够导致严重的健康和行为问题。要非常仔细地检查你所考虑购买的任何一只陆龟。

我们建议，任何野外捕获或从私人那里获得的陆龟应当尽早地让兽医进行检查，看是否有寄生虫存在。我们还强烈建议，对所有新买来的陆龟进行至少为期18个月的检疫隔离，因为陆龟能够作为一些细菌和病毒疾病的活动携带者，并能在携带时不表现任何外在的感染症状。如果一个新的陆龟病菌携带者能够加入到现有的陆龟群体中，你可能最终会失去所有陆龟，因为在写作本书时还没有有效可行的办法来应对一些更具感染力的陆龟病毒性病原体。

左图：像这样的龟壳看起来健康吗？要检查任何反映龟壳疾病或生长缺陷的征兆。小盾片的不规则通常来说不是问题。

如何识别陆龟性别

有许多的外在标志或特征可能可以用于确定陆龟性别。但是这些标志在不同陆龟种类间也是多种多样的。对于一个观察者来说，如果缺乏大量的实践经验的话是很难对其性别做出判断的。能够意识到小陆龟或者幼龟的性别很少能被准确判断这一事实也是很重要的。在某些情况下，它们的性别只有在其性成熟以后才能判断出来。因此，如果购买幼龟的话，要准备

几乎无一例外的是，雄性陆龟具有比雌性陆龟更长的尾巴。

迎接性别结果可能在一定程度上异于你的期盼或可能正是你所期盼的。但是一般来说，下面所列举的特征对于成年陆龟的性别鉴别来说还是非常有指导意义的。

胸甲

如果胸甲（即龟壳底部）呈现弯曲状或是向内凹下的，则很好地说明这是一只雄性陆龟。最大限度的胸甲凹陷存在于某些热带陆龟种类中，例如红腿陆龟。但是与此相同的特征在许多雄性陆龟种类中也只有少量出现。如果胸甲完全平整，这通常说明陆龟是雌性的。但是也有一些例外，并且不能仅凭一个特征就来判定陆龟性别。如果你经验较少并且从来没有比较过雌雄，那么你会很容易判断失误。

尾巴长度

几乎无一例外的是，雄性陆龟具有比雌性陆龟更长的尾巴。这一特征在赫曼陆龟中非常明显，但

下图：例如对于南美的红腿陆龟而言，研究陆龟的体型、尾巴长度以及胸甲通常可以用来分辨陆龟的性别。凹陷的胸甲是雄性陆龟的有力证明。

在许多其他种类陆龟中也存在。一般来说，在陆龟爬行时，如果尾部长到可以被折起并且斜向一边，则是雄性；如果尾巴短而粗，则很可能是雌性陆龟。对于这一分辨方法有少量例外，而且有些陆龟是很难准确分辨性别的。例如，豹纹陆龟的性别判断是尤其成问题的，因为它们雌雄间有形的外部区别不仅很细微而且具有相当大的可变性。

左图：几乎无一例外的是，雄性陆龟具有比雌性陆龟更长的尾巴。

右图：短而粗的尾巴一般说明是雌性陆龟，但是要记住这一规律也不是绝对可靠的。

左图：如果胸甲呈现弯曲状或是向内凹下的，则可能是一只雄性陆龟。

左图：如果胸甲完全平整，这通常说明陆龟是雌性的。

右图：雄性陆龟在胸甲末端具有更深的V形肛门凹口。

左图：雌性的这一凹口通常更浅一些，以便更容易产卵。

陆龟及其生存环境

陆龟几乎完全依赖于它们所生存的环境，以便获得其身体正常运转所需的热量。它们自己几乎不产生体内代谢热。不同于哺乳动物的是，它们的体温（以及活动水平）是和它们的生存环境密切相关的。在不同种类陆龟中，利用环境的方式甚至也是极具变化的。重要的是要意识到陆龟只能在一定条件下进行饲养，并且这些条件中最为关键性的因素就是陆龟对于充分光照以及适当温度的需求。像地中海陆龟这种大多数非热带陆龟，为使它们身体机能正常运转，所需环境温度为21℃，其环境光照点温度至少为30℃。高低温间的变化程度或差异是非常重要的，陆龟利用温差通过从一个地方向另一个地方的移动来调节自身温度。豹纹陆龟和苏卡达陆龟具有十分相同的环境需求。来自热带雨林生境的陆龟种类在昼夜间，则反而需要在28～29℃范围内的几乎始终如一的温度环境。

这就是为什么掌握有关你所饲养陆龟种类的基础生物学知识如此重要的原因了。举例来说，像雨林折背陆龟这类热带陆龟对供热装备的需求与像赫曼陆龟这类的地中海陆龟很不一样。热带陆龟倾向于需要温和、周围温暖并且昼夜温度稍有变化的环境；而非热带陆龟种类需要那种头顶有热源照射并且日夜温差巨大的环境。

左图：在北方气候下，成功地饲养像印度星龟这样的热带陆龟则是一种挑战。

上图：大型豹纹陆龟和非洲盾臂龟适合于在温暖、干旱的环境中生存。饲养者必须明白它们要想茁壮成长则需要全年都有温暖的居住条件。

上图：你必须为家在干旱的纳米布沙漠的陆龟提供适当的给养，让其能够适应温带气候的生活。

日晒行为

　　就像会错误地把非热带陆龟放在日夜温度都很高环境中饲养一样，也同样会错误地让热带雨林生境的陆龟承受日温很高、夜温很低的环境。在这两种情况下，陆龟都会遭受很大的生存压力，并且很可能出现严重的健康问题。广义来说，可以将陆龟分成两大主要类群：日晒种类和非日晒种类。这应该被看作是一种行为的度量尺，有少数种类陆龟被排除在一种或另一种类之外，但是也有介于两者之间的。例如，豹纹陆龟的需求条件在很大程度上倾向于对日晒的要求，然而红腿陆龟则更多地倾向于从周围或环境光源中获取热量。基本需求的这些重要差异将恰好对圈养陆龟所需的居所种类、补充热源的选择产生很大影响。

室外栖息地

室外栖息地将会尽可能地为圈养陆龟提供高质量的生活。很少有陆龟能够适合作为专门的室内宠物来饲养。你所在地方的环境和饲养的陆龟的生境越相似，就越容易为它提供高质量的室外居所。如果你所居住的地区周围湿度很高，并且温度很高，那么你可能在饲养某些

上图：为地中海陆龟安置的很好的室外围栏具有排水良好的基底以及坡度。

热带陆龟种类方面做得很好。如果你所居住的环境具有很低的湿度或温度，你可能发现在室外饲养热带雨林种类陆龟是不可能的。在这种情况下，你将必须在多年里依赖于室内和室外居所组合来饲养陆龟。如果你所居住的地区有凉爽、短暂的夏天和漫长、寒冷的冬天，你会

发现在饲养陆龟上所做的工作和花销程度要多于那些居住在温暖环境中的饲养者。

所有的围栏都要能够保护陆龟免于两种不测事件的发生：一是围栏里的陆龟跑出去，二是潜在的危害性捕食者的入侵。那些可以攻击和杀死陆龟的捕食者名单很长，包括大老鼠、狗、浣熊（在美国）、獾、刺猬，甚至是大型鸟类等。在某些地区，即便是蚂蚁也能够造成重大威胁，家畜也一样。陆龟关怀组织一年内接到了许多陆龟主人打来的电话，称陆龟是被家里那些以往表现良好的宠物狗所袭击，并且常常被杀害。

下图：许多种类的陆龟喜欢挖掘它们自己的洞穴。因此，室外围栏应该为它们设计出这样的条件。

固定外部边界

所有围栏的外部边界都需要有足够的高度，至少要有最大只陆龟长度的两倍那么高。围栏边角需要适当地固定住，因为许多种类的陆龟都是攀爬能手。其他一些种类的陆龟则擅长挖掘。在这种情况下，极力建议在地面下掩埋铁丝网屏障作为围栏边界的一部分。尽管陆龟是以慢著称，但它们确是非常敏捷的动物，正如陆龟关怀组织所证实的每年所报道的陆龟逃跑数量那样。

下图：重要的一点就是要保护你的陆龟远离那些不受欢迎的捕食者。

上图：一只加州沙漠陆龟被放养在特制的室外围栏中。

香豌豆

银莲花

绣球花

有毒植物

不要认为陆龟放养在花园中时，会自己去躲避食用有毒植物。因此，饲养者务必避免在陆龟圈养地内或附近种植任何具有潜在危险的植物。这里介绍的有毒植物虽不完全，但突出了那些常常与中毒事件有关的常见植物。

- 乌　头
- 银莲花
- 映山红
- 秋海棠
- 鹤望兰
- 毛　茛
- 马蹄莲
- 仙客来
- 黄水仙
- 石　竹
- 洋地黄
- 毒　芹
- 绣球花
- 常春藤
- 铃　兰
- 山梗菜
- 槲寄生
- 颠　茄
- 夹竹桃
- 李属植物
- 千里光
- 杜　鹃
- 香豌豆

洋地黄

黄水仙

陆龟的圈用地设计

在草坪上搭建的平坦围栏并不能够为任何陆龟提供充足的生存环境。非热带陆龟需要排水性好的基底材料，并且围栏中的环境应该具备多种多样的斜坡、石子、敞开的日晒区、阴凉区以及可食用的植物。圈养区还应该能够在夜晚防御捕食者或是具有恶劣气候庇护地。简单些的设计像钟形玻璃罩或是像园丁的黄瓜架那样。有一类型的圈养地单元结构是以坚固、防腐的木质篱笆为基础，以坚固的聚碳酸酯制成透明顶部制成的，这对于任何地中海陆龟的整体健康都会产生巨大影响。陆龟可以随意进出这个单元结构，并且它将很快学习利用这一方式来进行其日常的体温周期的调节。实际上，这就是建造一间小型温室，这一圈养结构中的温度能很容易地就比室外温度高出10℃。这对于陆龟饲养和整体健康来说具有巨大影响。这一圈养结构不需要人工热源，因为即便在下雨和多云气候下，这一圈养结构也能够保持干燥和温暖。

建造在完全水平地面上的围栏对于陆龟来说没有任何吸引力，因为它们更喜欢斜坡或波状地形。如果陆龟在完全水平且光滑的地面上翻了个儿，那么它可能很难再翻过来，然而在具有斜坡且有植被覆盖的粗糙地面上出现这种情况，它们则通常能够迅速地将自己翻转过来。

右图： 陆龟在水平地面上翻了个儿，那么它可能很难再翻过来。最好设计那种带有斜坡并且有丰富植被覆盖的围栏。

上图：一个已安置好的具有可食用植物和庇荫处的围栏。

地中海陆龟

对于地中海陆龟或其他生活在半干旱生境内的陆龟来说，饲养在排水性良好的基底材料上是十分重要的。潮湿的、饱和黏土类型的基底将会导致龟壳感染发生率的提高，尤其是陆龟的胸甲感染；此外，还会提高严重呼吸疾病发生的可能性。要用松散、混合着沙质的土壤为所有陆龟建造栖息地。

许多人都大大低估了基底的正确选择对于陆龟整体健康的影响。在多数情况下，基底的选择能够对陆龟的长期生存和感染瘟疫产生影响。

提供阴凉处和庇护处

在提供食物、保证陆龟在混合着花朵、草本植物和多种可食用杂草的高纤维的健康饮食结构的环境中任意放养等方面，一个安置好的具有足够规模的围栏能够在很大程度上自行满足陆龟的需求。植物也能够为陆龟提供隐蔽和遮阴的地方。在设计围栏时需要满足这两个要求。利用掩埋了一半的中空原木、塑料套管或切割了一半或部分被掩埋的水桶可以为陆龟提供额外的庇荫处。这些结构可能帮助陆龟躲避稳定的小气候环境中以防那些过热或过冷的天气，这正如它们在野外会撤退到洞穴中一样。

左图：排水性很好的基底适合地中海陆龟。

右图：室外围栏中的植物能够提供受陆龟欢迎的阴凉区。

热带陆龟

　　热带陆龟对于室外条件的需求十分不同，并且在很大程度上取决于你所在的区域位置。来自潮湿环境的陆龟在寒冷和干旱气候下需要非常特殊的居住环境。像红腿陆龟和黄腿陆龟这类大型陆龟种类，它们的需求更加特别，不仅需要特别的气候条件，还需要很大的活动空间。许多饲养者为这类陆龟担负了大型热带居所的建造，住处要具备全年供应的热源并且还要进行湿度调控。很明显，这些在一开始就需要投入大量的资金，并且后续的花销也很大。这就是为什么我们建议要在确定担负这类陆龟饲养责任之前进行仔细考虑的原因之一了。当然，如果你本来就居住在亚热带地区，那么你可能发现要成功饲养这类陆龟要相对容易一些。

室内栖息地

即使是多年来被成功饲养在室外的地中海陆龟，不论是幼龟还是成年龟都可能偶尔需要在室内居所生活，尤其是在气候不佳的情况下。当陆龟从冬眠中醒来或者如果是越冬的病龟也可能需要高质量的室内居住条件。

铺满卵石的播种盘，方便陆龟爬来爬去

如果在阳光充足的房间里，饲养池的遮盖部分能够提供阴凉

框架结构是用木质地板建造的

下图：这个顶部开放式的陆龟圈用地设计很容易制作并且容易保持。含有泥土和沙子基质的播种盘中可以种植可食用的草，同时当铺着卵石的浅盘被弄脏时，可以将它们移除或用水管进行冲洗。

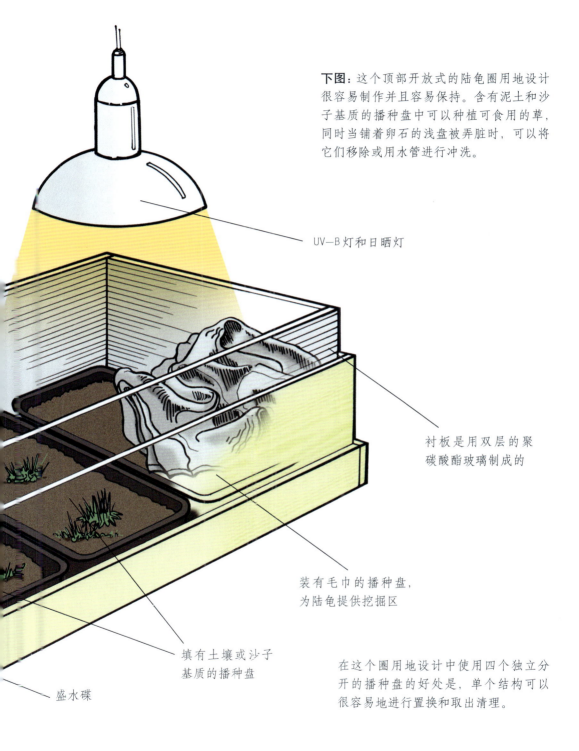

UV—B灯和日晒灯

衬板是用双层的聚碳酸酯玻璃制成的

装有毛巾的播种盘，为陆龟提供挖掘区

填有土壤或沙子基质的播种盘

盛水碟

在这个圈用地设计中使用四个独立分开的播种盘的好处是，单个结构可以很容易地进行置换和取出清理。

我们从陆龟关怀组织中了解到，在任何情况下都不推荐给陆龟使用玻璃箱作为室内居所。因这一类型的圈养地在许多方面都达不到理想的圈养条件。这个环境为陆龟提供的地面空间非常有限，而且空气流通也不好，极难实现温度的充分变化。此外，从行为发展方面来说，陆龟居住在玻璃池里的反应不会很好。它们会不断地尝试爬过池壁，并在这一过程中经常弄伤自己。我们要留意被饲养在玻璃池中的陆龟会加速生长和块状甲壳的极高发生率，还要注意致命的呼吸疾病的高发生率。

制作我们自己的宠物龟饲养台

许多年来，我们已经开始利用顶部开放式的"陆龟饲养台"作为一种有效的替代形式来进行幼龟的室内饲养了，并且装备相似且更大型的室内围栏可适用于更大体型的陆龟。这些设计都可以为陆龟提供非常高质量的生活环境，并且在过去20年来我们利用这种方法取得的成果都是相当不错的。比较于饲养在玻璃池中，陆龟更容易被饲养在设计好的饲养台里，并且其另一优势就是更加安全。此外，在花费相对较低的情况下，适合于任何可用空间的饲养台的定制是很容易的。

这一类型的居住体系能够很容易地在家中进行建造，或者对于小型陆龟来说，像床下的储存箱或是农业用的塑料管子这类已有的容器可以马上投入使用。饲养在此类圈用地中的陆龟能够享受良好的空气流通，且另一重要的优势就是饲养台中的基底（通常是沙子和泥土混合）也是保持着非常干燥的状态，因为潮湿基底总是与那些来自干旱生境陆龟的皮肤、龟壳以及呼吸疾病联系在一起。

如果要保障陆龟的正常行为和良好健康的话，那么必须一直提供充足的光照和日晒设备。利用图中所示的简单拱架结构（见第44、45页）将UV-B灯和日晒灯挂在饲养台结构的上端，高度大约为50厘米。

热带陆龟的室内栖息条件

在圈养地内，将某些热带陆龟种类（例如红腿陆龟、黄腿陆龟和折背陆龟）饲养在一定高湿度的环境内是会产生一些问题的。然而，不能为它们提供这样的环境也会产生非常严重的后续影响，因为这些热带陆龟对于由环境导致的脱水是非常敏感的。导致的一些后果还包括肾衰竭、皮肤及眼睛的问题。典型的中央加热房间在冬季所呈现的相对湿度水平仅有20%，这远低于热带陆龟在潮湿生境中的湿度水平。一些书籍里推荐在饲养池中放置一个盛水盘来解决湿度不够的问题，但是这个方法几乎是不起作用的。我们需要更多的有效措施来达到一个让陆龟满意的湿度水平。

遗憾的是，为饲养那些大多数居住在热带雨林地区的陆龟（28℃，周围相对湿度达到80%），将整个房间加湿，使其达到充分的湿度水平是很不现实的，并且这还会导致饲养建筑和设备的损坏。如果你有热带温室，那么这样充分的湿度水平是肯定可以达到的，但是对于大多数饲养者来说将宠物龟限制在一个小型的、容易处理的圈养地内则更加现实。对于饲养像折背陆龟这类的小型陆龟或是稍大型种类

> 对于大多数饲养者来说将宠物龟限制在一个小型的、容易处理的圈养地内则更加现实。

右图：一个改装过的温室可以为热带陆龟提供高质量的居住条件。

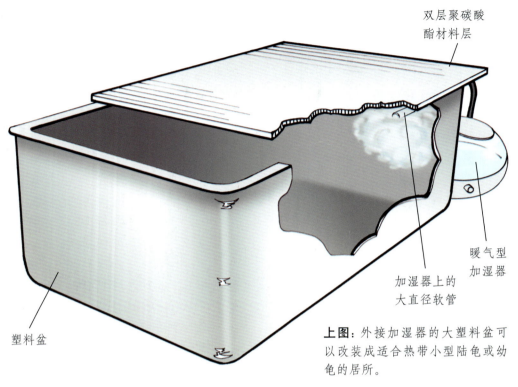

双层聚碳酸
酯材料层

加湿器上的
大直径软管

暖气型
加湿器

塑料盆

上图：外接加湿器的大塑料盆可
以改装成适合热带小型陆龟或幼
龟的居所。

上图：热带非洲折背陆龟。

陆龟的幼龟来说，在
小型圈养地内是相对
容易达到充分湿度水
平的。

在这种情况下，
一种行之有效的简便
方法就是利用一个大
塑料盆外加暖气型加
湿器连接在旁边。圈
养地顶部应该用双层
的聚碳酸酯材料层覆
盖上一部分（可从建

材商或DIY店铺里购买）。相对于那些玻璃池类的圈养地来说，这样的材料操作和清理起来更加容易和轻便，并且由于它们特别不易破碎，因此放在家里也更加安全。利用这样简单的圈养地单元，你还能以适中花费就获得大量的内部建筑空间。要确保圈养地内其他地方通风良好，周围加温充足。如果不能做到这些将会导致冷凝形成被破坏。我们不推荐给热带陆龟使用超声加湿器，因为产生的雾气过冷。所以要选择"暖气型"加湿器。

上图：茂盛的雨林是一些居住在潮湿环境中的热带陆龟的自然生境。

左图：产生水滴状"雨"的喷雾器可以和加湿器联合使用。

加热和光照

温和的局部增温可以通过直接在饲养盆下放置加热毯等方法来实现。此外，无毒的、潮湿的兰科植

上图：来自干旱生境的陆龟得益于UV-B加热日晒光源的提供。这些灯像是固定了地点的光照灯，但它们也散发出大量必要的UV-B。

物树皮以及泥炭藓块作为饲养基底能够制造呈现出一个非常真实的"热带雨林"生境和小气候环境。大多数在热带雨林生活的陆龟都倾向于避免过强的光照，并且它们的日晒行为相较于沙漠及草原上生存的陆龟种类来说是大大减少的，尽管如此，提供适当的日晒还是必要的。在大多数情况下，饲养盆顶上的由恒温器控制的陶瓷加热器对于此类环境来说是很理想的。多数热带雨林种类陆龟至少需要从野外捕食的动物或动物尸体腐肉那里来满足对维生素D_3的一些需求。因此高强度的UV-B灯是不必要的。而低水平的UV-B光源以及一些口服补品已算是绰绰有余了。

干旱生境陆龟种类

如果我们不考虑许多热带干旱陆龟体型巨大这一事实的话，那么对于它们的室内饲养则稍微容易一些。例如豹纹陆龟、苏卡达陆龟以及印度星龟，它们在与室内饲养地中海陆龟几乎相同条件下会表现得很好。基底干燥，顶部还连接了UV-B加热（自镇流汞蒸气）日晒光源的大型、光照明亮的饲养盆是非常理想的。要记住提供定期的浸

润和饮用淡水，但当无法提供这些时，那些半干旱生境的陆龟是能够忍受慢性缺水所带来的后果的。

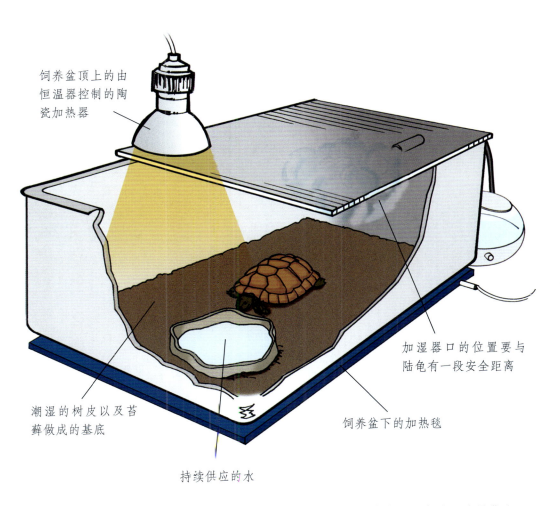

饲养盆顶上的由恒温器控制的陶瓷加热器

加湿器口的位置要与陆龟有一段安全距离

潮湿的树皮以及苔藓做成的基底

饲养盆下的加热毯

持续供应的水

上图：饲养盆里面应该覆盖模仿潮湿雨林地面环境的基底。

上图：为它们提供饮用和浸润用水是很重要的。

左图：要小心！陆龟在加热源下方翻个儿将会很快死去。

膳食需要

不同种类的陆龟对饮食的需求也是多种多样的。一些种类的陆龟（尤其是来自雨林生境的陆龟）是杂食性动物，它们在饮食中可能会需要水果。对于其他一些种类陆龟，饮食中的水果或动物蛋白则具有高致命性。一些种类陆龟需要非常高纤维性的混合类草的食物，同时其他种类陆龟则专门需要花朵和树叶作为食物。寻找合适饮食的供应规律是非常富有挑战性且花费昂贵，尤其是在冬季。在后续的章节中还有更多有关饮食方面的详细建议，但是你自己也要事先研究好你所感兴趣的陆龟种类的饮食习惯。你必须能够在一些可靠信息的基础上准确满足陆龟的饮食需求。

很重要的一点是要将食物准确剪碎成适合你所饲养陆龟的大小。

不要犯那种常见错误，一是认为陆龟可以自己被单独放养在草坪上。二是你可以从宠物商店购买到你将需要的所有食物。这两个想法都不正确。许多饲养者发现他们必须将所需食物从种子状态养到长大，这需要你确认有这个设备和时间去做这些事情。营养结构的管理不善对于圈养陆龟来说是致命的杀手。尤其是对那些幼龟来说，它们甚至对于营养结构中很小的不均衡都会高度敏感，而这里允许犯

右图：正确的营养对于你所饲养的陆龟的健康来说非常重要。请多花些时间来寻找正确的饮食结构。

错的空间很小。这一部分是陆龟饲养管理中你不能发生失误的一块。正像我们所提到的那样，每一种类的陆龟都有特殊的饮食需求，但是大多数通常可以被分为许多类群。

理想饮食

在为陆龟制作理想饮食单时，必须考虑到如下关键因素：

- 蛋白质水平；
- 纤维含量；
- 钙磷平衡；
- 水果含量（仅对某些种类）；
- 多种微量元素含量；
- 水含量；
- 动物蛋白含量（如果有的话，也仅对那些天生杂食性陆龟种类）。

很重要的一点是要将食物准确剪碎成适合你所饲养陆龟饮食的大小，并且你要避免依赖于那些非特定性

的、普遍的饮食建议，不要简单地把适用于一种陆龟的饮食应用在其他所有陆龟身上。这些可能在商人向你销售干粮中会有说明。这类产品可能被认为能够为食品问题提供简单解决的办法，但以我们的经验来看它们不能满足陆龟对其他食物的渴望，并且没有一种真正的替代品能够代替那些特殊陆龟在自然饮食行为基础上形成的多样化饮食结构。

一个重点就是应该喂食多少。遗憾的是，这个答案需要取决于许多不同的因素，包括陆龟的大小和年龄、陆龟种类，还有尤其是饲养陆龟的温度。大量进食比适当进食导致更快的生长。但是过快的生长

右图：要喂食它们天然的"杂草"类食物，而不是从商店购买的那些缺乏维生素和纤维质的生菜叶。

速度并不一定是适宜的。正确的喂食量是均衡陆龟对于充足营养需求的一个内容，同时要避免过量喂食。由于考虑到饮食中的许多变数，因此我们建议要向声誉较好的陆龟关不组织或专业兽医寻求专业指导。

左图：应当根据食草陆龟种类为它们挑选、提供多种树叶、花矢和水果作为饮食。

右图：要当心饮食中的水果，一些种类陆龟可以承受，但是其他一些陆龟可能会因食用水果导致胃部不适。

喂食地中海陆龟和俄罗斯陆龟

在野外，地中海陆龟和俄罗斯陆龟的饮食包含几乎所有的草本的肉质植物以及花朵。在下雨期间，陆龟会从形成的水坑中获取饮用水，此外它们也可能靠近溪流或池塘来饮水。这期间，它们还会常常排尿，并且同时排出膀胱中形成的白色的尿酸剩余物。野生陆龟很少喝水的说法是明显不正确的。在旱季，以

陆龟浸润在浅的淡水中10分钟（浸润高度达到其下巴位置）。

树叶和花朵

在圈养情况下，高纤维、低蛋白以及富含钙质的饮食可以保证良好的消化功能运转和光滑龟壳的生长。这样的饮食是以新鲜绿色树叶和可食用花朵为基础的，而且种类越多越好。给地中海陆龟和俄罗斯陆龟喂食猫粮或狗粮，或者是其他的例如豌豆和蚕豆的高蛋白食物，它们则常常会因为肾衰竭或

左图：饲养盆内定期的浅水浸润能够帮助陆龟保持水分。

及在它们活动范围中更加干旱区域内，陆龟主要依赖食物中的水分来满足它们的需水量（如果它们处于完全活动状态下），但无论在什么时候下雨，陆龟还是会一直热衷于饮水的。在圈养情况下，我们建议每周2次将

上图：喂食番茄这类的水果要谨慎。

左图：在野外这些陆龟食用的树叶和草。

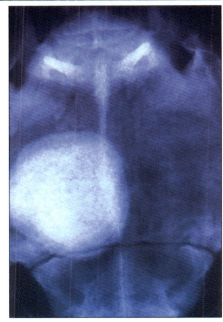

右图：X光显示的由脱水和食用过高蛋白导致的膀胱结石。

上图：淡水要保证随时都容易获取。

因包含着固态尿酸盐的坚硬膀胱结石而死去。

　　豌豆和蚕豆也是富含植酸（肌醇六磷酸），就像草酸一样抑制了钙的吸收。要避免依赖于"超级市场"购得的绿色蔬菜和水果，它们可能纤维含量不足、有过多农药残留或是含糖量太高。水果的供应要非常谨慎，因为它们会导致腹泻、肠内寄生虫增殖以及绞痛。

在提供动物蛋白的情况下，虽然这些陆龟会食用（通常也有食草陆龟），但是实际上这会导致过度生长并会引发龟壳畸形、肝脏疾病以及肾脏损伤。因此要完全避免动物蛋白的提供。

对于这类陆龟来说，均衡的饮食还可以包括蒲公英、天然生长的无毒草类、白色三叶草、玫瑰叶片和花瓣、苣苦菜、长叶莴苣或红叶莴苣（非常有限量的）。不要提供类似透明包心菜这类的结球莴苣，因为它们包含的维生素或微量元素很少。

对于大多数食草陆龟来说，当让它们自然放牧，并偶尔提供其他一些补充食物时，它们的进食情况极好。不要总是给它们喂食卷心菜、菠菜、甜菜、白菜或是任何与此有亲缘关系的蔬菜，因为它们会抑制陆龟对钙的吸收并且会引发健康问题。这种情况在幼龟或孵化小龟的母龟身上尤为严重。定期在圈养地中投放海螵蛸能够调节陆龟饮食中的钙含量。

左图和下图：红叶莴苣和长叶莴苣对于像透明包心菜这个变种来说是更好的选择，因为后者营养含量不足。

右图： 在饲养围栏中放入海螺蛸（乌贼外套膜内的骨板）可以为陆龟提供有用的额外钙源，并且还帮助陆龟保持壳尖形状。

上图： 白色三叶草的叶片、茎以及花朵都非常适宜喂食俄罗斯陆龟和地中海陆龟。但是要当心避免挑选那些可能喷洒过化学剂或是被机动车排放物污染过的植物。

让地中海陆龟自己觅食和进行自然放牧实际上能够帮助它们维持良好消化功能，并且很好地帮助预防肥胖。如果盾片上出现了金字塔状物（龟壳上的角链），这通常说明要么是消耗过多"适当"食物，要么可能是饮食中的蛋白整体含量过高。我们推荐一周至少两次给陆龟使用高质量无磷钙和维生素D₃补充物；并且对于幼龟和孵化小龟的母龟要增加使用频率。

下图：花朵和树叶的混合物对于地中海陆龟来说是理想饮食。在任何情况下都不能给它们提供动物蛋白或其他高蛋白、高脂肪含量的食物。

上图：这些来自马达加斯加的放射陆龟龟壳上金字塔状物（龟壳上的角链）说明了如果陆龟错食食物所引发的后果。

热带陆龟的饮食

一些热带陆龟的饮食需求同地中海陆龟相同，但是其他一些热带陆龟则需要非常特殊的饮食，这些食物十分切合其特殊生存环境，并且是容易获得的。要知道你饲养的陆龟在野外适应吃什么样的食物是非常重要的，并且要根据这个要求来构建它们在圈养条件下的饮食结构。

豹纹陆龟、苏卡达陆龟和印度星龟的食物

对于像苏卡达陆龟（非洲盾臂龟）或豹纹陆龟这类的大型草原陆龟种类来说，草类和干草是非常重要的饮食构成部分。一些其他种类陆龟，例如印度星龟，还能够受益于饮食中新鲜、干燥的草类食物的加入。需要指出的是，像红腿陆龟、黄腿陆龟、折背陆龟以及地中海陆龟的一些种类是不具备消化草类饲料中高度二氧化硅含量的功能。但是，对于适应这类食物的陆龟来说，草类不仅能够提供营养，而且其中的纤维物质在陆龟的消化健康方面作出了突出贡献。对于豹纹陆龟和非洲盾臂龟来说，混合草类应当占到总饮食量的70% ～ 75%。

草类食物的获得随地点变化很大，但一般的"牧地干草"和"果园干草"混合食物（可以从专业的宠物卖家那里购得）通常都是适宜陆龟食用的。要避免种子穗多刺的干草，这会伤到陆龟的嘴巴或眼睛。切过两次或三次的干草要比只切一

次的具有更少的带刺种子穗。这种以草类为基础食物的饮食要尽可能地辅以花朵来作为补充（木槿、蒲公英、矮牵牛等）。仙人掌、三叶草以及其他前面多次提到的杂草草料也都应该作为常规基础食物。如果要避免出现骨骼畸形问题，那就要一直注意对钙和维生素D₃的添加。

折背陆龟、红腿陆龟以及黄腿陆龟的喂养

这些陆龟根据种类不同都属于不同程度的杂食性动物。一些低脂的动物蛋白应当包含在这类陆龟的饮食当中。我们推荐在饲养盆中放入水化的干猫粮，并且加以矿物质和维生素作为一种安全、适宜的动物蛋白来源。我们提供大约25克湿润猫粮作为一只成年（10千克）红腿陆龟一周的饮食基础，对于幼龟来说要适当减少用量。绿叶蔬菜和可食用花朵应该是组成食物的绝大部分。此外，水果也是这类陆龟在野外生存饮食的一部分，并且不同于豹纹陆龟或非洲盾臂龟的是，这类陆龟的消化功能更容易应对这类更丰富、更甜的食物摄取。它们都喜欢熟透了的水果（包括香蕉、芒果、木瓜、草莓）以及可食用的蘑菇。

右图：豹纹陆龟广泛地在混合草地上进食。它们也喜爱水果和仙人掌果，肉质植物和大蓟花。在圈养条件下，常见的错误就是给它们喂食过多的"含水"食物，例如莴苣、番茄以及水果等。

上图和下图：作为天生的杂食性动物，折背陆龟会很开心地享用那些来自花园中的蛞蝓、蜗牛和马陆。

上图：热带折背陆龟。

　　相同基础的饮食构成似乎同样适用于折背陆龟。折背陆龟在大自然中也属于高度杂食性动物，并且对于它们来说每周大约喂食 5 ～ 10 克的动物蛋白是适宜的。还有很重要的一点需要注意的就是如果让这些陆龟接触潮湿的花园或种植有植被的热带居所的话，那么它们常常会自己发现一些蛞蝓和蜗牛。这就要极度避免在饲养陆龟的花园中使用蛞蝓药丸或其他有毒的化学物质。马陆和其他类似的无脊椎动物同样也作为组成折背陆龟在自然环境中饮食的重要部分。

维生素D₃与UV-B光照

维生素D_3是一种脂溶性维生素，这意味着它们可以在体内存留很长时间。它们可以通过含有UV-B成分的阳光或饮食或通过两者一起来获得。比如当陆龟的皮肤暴露在阳光下，通过日晒后维生素D的产生过程便开启了。维生素D_3被认为既是维生素又是激素原，因为它同一种被称为7-脱氢胆固醇的化学物质发挥作用。阳光中的紫外线作用于皮肤中的油脂，并且在这一过程中还需要辐射热来产生前体维生素D，然后它将会被身体所吸收。之后，它会代谢到肝脏中，然后转化至肾脏形成活化型。随后，维生素D将返回至肠黏膜细胞，在那里开始产生钙结合蛋白，而这一过程需要有从食物中吸收的钙的参与。

即便饮食中含有大量的钙，在维生素D_3水平不够丰富的情况下也是不被吸收的。

为通过阳光产生天然的维生素D_3，必须为陆龟提供未经滤过的日照曝晒，因为玻璃窗户会阻断重要的UV-B光波。这就是为什么室外日晒对于陆龟来说如此重要的原因。

> 比如当陆龟的皮肤暴露在阳光下，通过日晒后维生素D的产生过程便开启了。

云层覆盖也会降低UV-B水平，一般来说北纬地区UV-B水平要远低于赤道地区或陆龟野外生境中的UV-B水平。作为一般规律来讲，如果你生活的地区是天然就有陆龟或海龟生存，并且你的宠物龟能够每天至少用3~4小时在室外进行未滤过日晒的话，那么它可能不需要再依赖口服的维生素D_3营养品了，单独的钙补充就应该足以。如果你生活在北部多云地区，那里并没有天然生存的陆龟或海龟，或者你的宠物龟外出时间被限制的话，那么我们建议你使用营养品作为饮

上图：陆龟的皮肤天然地富含大量油脂。

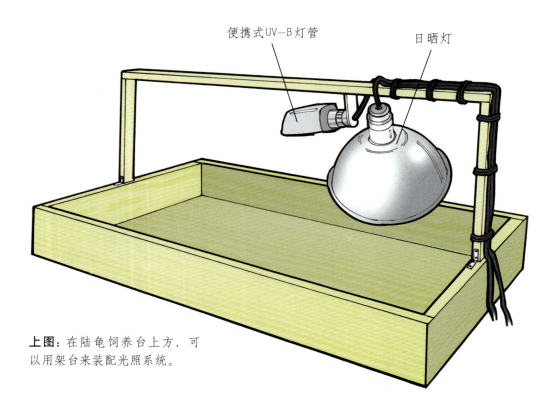

便携式UV-B灯管

日晒灯

上图：在陆龟饲养台上方，可以用架台来装配光照系统。

食的经常性补充。这就是为什么那些经验丰富的宠物龟饲养者把人工UV-B光照和谨慎地口服补充钙和维生素D_3摆在如此重要位置上的原因。

迎合植食性陆龟需要

杂食性陆龟可以从其食物中获取所需的大部分维生素D_3。植物中不含有维生素D_3，而是被维生素D_2替代，而后者在钙代谢方面远不如

维生素D_3。因此，在室内饲养的食草型陆龟要比杂食性陆龟更加依赖于人工光照的数量和质量。

许多便于使用的专业灯都能帮助陆龟产生维生素D_3。这些灯包括能够产出UV-B的"全光谱"荧光灯，UV-B释放量通常以百分比来描述（多数常见的为2%、5%和8%的灯），越高的数字表明UV-B释放量越大。为进行更有效的照射，灯管需要距离陆龟不大于50厘米，并且这

中间不能有玻璃或网筛。灯管发出的光线也会随时间削减，因比应当每6个月对灯管进行更换。

另一种灯的选择就是被称为"UV加热"的灯，它是基于自镇流汞（蒸气）灯结构形成的。这种灯具有很高效率，因为它不仅具有高水平的UV-B释放量，它们还能产热，并且就像我们之前看到的那样，热量对于维生素D_3的生产周期来说是很重要的。这类灯要比荧光灯持续得更久一些，可以持续产生充足释放量达18个月甚至更久。它们被推荐为适用于所有日晒种类陆龟的光照和加热源设备。

上图：这些食草陆龟在日晒灯和UV-B灯下进食。

左图：阳光下的日晒可以引发维生素D产生过程的开启。

营养品的应用

圈养条件下的陆龟饮食很难达到其在野外生境中获取食物的丰富与质量。以赫曼陆龟为例，它们在野外中可以觅食超过150多种树叶和花朵，并且在很大区域内进行放养。它们还会啃咬废弃的蜗牛壳碎片或被观察到少量地食用石灰岩泉华（形成于温泉出口），这样最终结果就是它们能够获取丰富的矿物微量元素并且伴随高UV-B含量的阳光照射，享受着钙含量丰富的食物。

上图：为食草陆龟群体的食物中加入膳食营养品。

相反的，在大多数圈养条件下，食物的种类受到极大限制，并且能够提供的植物也不可能生长在与陆龟自然生境中所含相同矿物质种类的土壤里。

圈养陆龟（或海龟）中，最常见的与营养相关的健康问题之一就是骨代谢病，这类情况与人类的骨质疏松症和佝偻病相似，其根本原因都是饮食中钙和维生素D_3的缺乏。这种情况在刚孵化的小龟和幼龟身上极为常见并且后果严重，因为那时它们正处于快速生长阶段，任何骨生长"原料"的缺乏都是极为危险的。如果处于孵卵阶段的母龟在饮食上有任何方面的缺乏，也将面临极大危险。

解决这类问题的最好办法就是确保基础饮食是恰好适合所考虑饲养的陆龟种类的，并且在每日饮食基础上使用特定的多矿物和维生素的补充剂。这类产品可以在兽医或专业爬行动物供货商那里购买到。营养补充品的最小剂量的钙磷比为2：1（虽然在野外陆龟饮食研究中认为更高的比例更加适宜）。有些营养剂配型是"无磷"的，并且这样的营养剂在大多数情况下都是适宜的，因为对于磷的需要很容易通过饮食就得到解决，但是钙很难仅仅通过食物本身来获取。

问题食物

在为陆龟提供所有矿物质需求的饮食中，另一个专有问题就是许多表面情况良好，或者具有正确钙磷比例的植物也会含有一定抑制钙利用的化学物质。芥菜、萝卜、甘蓝菜、卷心菜、白菜、菠菜、甜菜以及羽衣甘蓝都在名单之列。最为熟知的一个"抗营养因子"就是草酸。另一个就是植酸（肌醇六磷酸），它们在豌豆、蚕豆和相关豆科植物中具有很高浓度。虽然偶尔食用不会引起任何危险，但以上所列植物都应该排除在食草陆龟常规饮食之外。

另一个很重要的部分就是避免孵化幼龟和小龟的过度快速生长。这将极大需要钙的代谢，而过度生

小贴士

- 尝试为陆龟提供具有一定钙磷比例的饮食。
- 不要给陆龟喂食含有高浓度草酸盐、植酸或其他钙抑制化合物的食物。
- 日常使用无磷钙营养补充剂。
- 要仔细考虑维生素 D_3 的需求。为陆龟提供充足水平的天然日晒，使用恰当的并且进行正确安装和维护的人工 UV-B 光源，或者一周至少3次提供口服维生素 D_3 补充剂。
- 一周1次提供全面广谱范围内的矿物微量元素补充剂。

左图：年轻的赫曼陆龟显现出非常明显的生长轮（环绕在龟壳上的浅色带）。

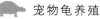

上图：非洲盾臂龟显现出了变形的龟壳，这就是代谢骨疾病的典型表现。

上图：饮食良好的陆龟的典型生长表现就是具有光滑的半球形龟壳。正确的饮食可以在龟壳适当生长中发挥重要作用。

长时钙是很难供应上来的。慢速的生长甚至都比快速生长更有利于保持陆龟的长久健康和生存。过速生长可以通过小心控制饮食，防止陆龟过度消耗富含蛋白质的食物的方法来预防，还可以通过防止普遍的过度喂食来加以控制。

人工圈养繁殖

许多饲养者都对在匮养环境下繁殖陆龟的可能性感兴趣。许多年前，圈养繁殖被认为是一大壮举并且不太常见。人们对有关孵化照料的知识知之甚少，甚至有人已经成功孵化了龟蛋，但是却发现饲养维持龟宝宝的生存并把它们饲养大是十分困难的。幸运的是，现在这种情况得到了极大改变。许多饲养者都享受着在大范围种类陆龟中进行常规繁殖的成功。如果你希望得到持续性成功圈养繁殖，那么需要遵循下面这些非常基本的规律。

合适的配对

你要完全弄清楚你只能够让完全合适的雌雄陆龟进行交配。在许多情况下，不成功的饲养者都是在刚开始就没有选择合适的雌雄陆龟个体。切莫将不同种类陆龟混合（希望你已经知道这些），但是为了更成功的繁殖，你需要将它们分开得更远些。理想情况下，配对个体要尽可能地在外观上相同。实际上就是让陆龟来自相同地域。不能说"两个陆龟同属于赫曼陆龟就认为它们已经足够亲近了"。可以明确的一点是，在这一物种复合群体中很可能存在大量的遗传变异，并且在外形上越匹配，基因匹配的概率就越大。从繁殖角度来讲，在基因上匹配的陆龟无疑将更易于在繁殖时获得成功。这几乎适用于所有陆龟种类。

右图：一对缘翘陆龟正沉溺在交配前期行为当中。为获取交配的最大成功概率，繁殖雌雄个体应当紧密配对在一起。

上图：正在交配的红腿陆龟。雌性红腿陆龟似乎更愿意将它们的巢穴建在非常潮湿、几乎是泥泞的基底上。

年龄和健康

繁殖群要处于最佳状态中，这一点很关键。不要尝试繁殖那些具有近期病史的陆龟。避免以年老的雌龟来进行繁殖，这不仅会导致繁殖的不成功，而且还使它们面临严重的危险。年老的雌龟会因为多情雄龟的长期关注而变得紧张，还会导致卵泡瘀滞以及坠卵性腹膜炎的高发生率（这是两种发生在雌性陆龟中可能致命的情形，在陆龟繁殖体状况很好的情况下很少发生）。还有一点很重要的是要给进行繁殖的陆龟提供良好饮食，充分满足它们对微量元素的需求。建议日常使用多矿物质和维生素营养补充剂。

雌雄陆龟暂时的分离

另一项对有经验的饲养者来说都熟知的技术是将雄龟分开数周，然后再将它们重新介绍给雌龟，这样可以大幅增加它们相互感兴趣的程度。一些雄性陆龟间攻击的引入也可以有些帮助。但是要确保小心控制任何陆龟间的攻击，尤其是缘翘陆龟、希腊陆龟以及赫曼陆龟的种内攻击，这些特殊和类陆龟的攻击一旦失控就会给对方造成严重伤害。

温度

为使繁殖成功进行，必须为陆龟提供一定范围的温度条件。这对于激素水平、精子的形成和发育等来说有巨大影响。在北部地区，合适的温度条件在没有人工的支持下是很难达到的。对于陆龟繁殖来说特别重要的一点是，处于春季的三、四、五月所达到的温度水平是繁殖周期中很重要的一个时期。以我们的经验来看，最好的解决方法就是使用大型温室或塑料大棚。这将很大程度上提升白天温度并且能够对繁殖结果产生巨大影响。我们已知的许多具有简单装备的温室或塑料大棚已经能够完全改变陆龟的繁殖结果了。

上图： 令人印象深刻的景象——非洲盾臂龟的交配。

有效的巢穴

为所有雌龟提供满意的巢穴设施（室内或室外）是至关重要的。如果在圈养环境下不能为它们提供适当的巢穴则会引发严重的健康问题，包括加大发生卵滞阻的风险。无法提供筑巢处还会导致陆龟的情

上图：一旦产卵，雌龟就会扒出巢穴基底覆盖在卵的上面。

绪紧张，并且对圈养繁殖的成功也有负面影响。以地中海陆龟为例，它们对在平缓坡度上建造的、具有沙质且排水性好的土壤巢穴钟爱有加。潮湿的泥土或土壤含石子量太多，它们和在平地上建造的巢穴一样不适宜作为巢穴。

相反来说，像红腿陆龟这类的许多热带陆龟已经能够接受在平地上建造的巢穴了，但是它们特别喜欢那种富含有机物质、潮湿甚至是泥泞的土壤。地中海陆龟通常喜欢在有太阳的干旱天气里产卵，从中午一直持续到下午；像红腿陆龟的其他种类陆龟常常在傍晚，并且特别是当湿度很高、下小雨的时间段里产卵。了解这些习性是十分重要的，因为这些主导性的天气情况或时间可以为何时建造巢穴提供很好的指导。陆龟没有固定的怀孕时间，但是一般来说筑巢时间发生在成功受精10周后。

具有足够深度的巢穴基底

适宜的基底厚度对于所有挖掘巢穴的陆龟来说都是十分重要的因素。如果基底厚度不足，筑巢工作通常将会停止。因此，在圈养条件下，有必要保证为产卵区域提供足够厚

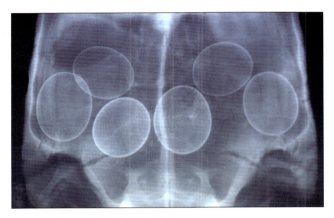

上图：X光显示的即将产下的卵。

资搭建一个具有合适的、符合专业标准的孵化器。在普遍都很漫长的孵化期内持续提供安全温度是十分重要的，孵化期对于像豹纹陆龟等一些种类来说将会超过200天之久。地中海陆龟的卵根据准确使用的孵化温度通常在75～85天内孵化。

的基底来避免这些发生。这仅是可能提供的一般性指导，因为不同种类陆龟的筑巢厚度不尽相同。对于大多数陆龟来说，巢穴厚度应当至少等于后肢加70%的龟壳的距离长度。一旦产卵，让雌龟用后肢将卵掩埋，然后当其完成后缓慢地将卵移到下面将要提及的人工孵化器中。不要在雌龟产卵或掩埋卵的过程中打扰到它们，因为这会给它们带来巨大压力，甚至还可以引发卵滞留情况的发生。

卵孵化

不要依赖老式的那种"无论成功与否"的方法利用通风橱或顶部电灯泡来进行卵孵化。而是应当投

上图：雌龟利用它们的后腿铲去基底刨出巢穴。

上图：孵化器中的龟卵被置于蛭石基底上。

为使陆龟卵发育良好，它们需要在特殊温度和湿度范围内孵化。孵化温度是极为重要的，如果陆龟卵在过低的温度下孵化，那么其发育将非常缓慢，或者卵无法成功孵化。过高的温度会导致畸形或死亡。所以为使孵化顺利进行，在孵化龟卵时总会使用可靠的恒温箱和温度计。

我们建议你应当避免使用沙子作为孵化基底，这种基底无法进行充足的气体交换。这会导致胚胎缺氧症，它所引发的幼龟"卵内死亡"确实是很危险的。最好是使用人造的轻质介质，例如非常轻微的潮湿蛭石。将温度计的探针沿着龟卵放置以保持持续检查环境变化。

孵化时间以及后代的最终性别都是由温度来决定的。在大多数种类中温度高会产生出雌性陆龟，温度低则产生雄性陆龟。对于大多数种类陆龟，我们建议的孵化温度范围在29.5～31.5℃。

孵化幼龟的照料

幼龟从其孵出的那一刻起便是一个完整的独立个体。孵化幼龟仍然会偶尔保留其在孵化期时的卵黄囊残留物。这个卵黄囊残留物很大并且位于幼龟腹部，由此防止其流动。最好慢慢地将幼龟放入孵化箱24小时，大约到卵黄囊被渐渐地吸收。建议你向陆龟关怀组织网站咨询有关圈养繁殖各方面的综合信息（包含了对于孵化和圈养照料的高水平指导），这将包含准确且涉及多种类陆龟的孵化和幼龟照料方面的指导。

不要错误地相信"幼龟宝宝头三年饲养必须在室内"这个常见说法。

适于幼龟的圈用地

幼龟可以在天气允午的情况下被饲养在室外具有防护的安全圈养地内，或是在室内具有顶部开放式围栏内。通常情况下，室内外居所的结合也是必要的。幼龟在密闭的玻璃池型饲养槽内的反应不好。需要重点强调的是，幼龟需要与同种类成年龟相同的温度和环境条件。不要错误地相信"幼龟宝宝头三年饲养必须在室内"这个常见说法。这一说法完全错误，并且对于幼龟的健康和长期生存发展具有极大的伤害。

一个具有迷人风景的顶部开放式圈养地能够既提供安全，又能够提供有趣、通风的环境。幼龟的饮食管理也同成年龟相同，但是它

上图：希腊陆龟的幼龟破壳而出，它们用卵齿首次冲破卵壳。

们对于钙和维生素D_3的缺乏具有更高的敏感性。防止幼龟的非自然快速生长是尤为重要的，因为这不仅会导致"块状甲壳"和其他情况的畸形，而且会增加患肾脏疾病和性早熟的风险。因此，从一开始就为幼龟提供准确均衡的饮食是极其重要的。

上图：幼龟有遇到脱水的危险，因此为它们提供便捷易得的淡水是十分重要的。

左图：正确的饮食是幼龟最佳的援助之手。

上图：豹纹陆龟因不易在圈养条件下繁殖而闻名，但是如果提供适当条件，圈养繁殖也是可以成功的。

右图：所有幼龟都是很柔弱的，因此它们需要居住在安全的条件下。

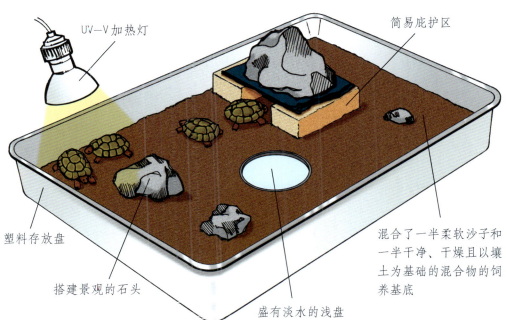

UV—V加热灯

简易庇护区

塑料存放盘

搭建景观的石头

盛有淡水的浅盘

混合了一半柔软沙子和一半干净、干燥且以壤土为基础的混合物的饲养基底

上图：要为幼龟提供一流的环境可以按照上述说明的塑料存放盘来进行简单制作。

冬　眠

　　下面这些信息可以应用于大多数作为宠物龟的普通陆龟种类：希腊陆龟（地中海欧洲陆龟）、赫曼陆龟、缘翘陆龟、四爪陆龟（俄罗斯陆龟）。所有这些种类都在野外冬眠，也有一些在本地区域冬眠的例外，并且根据下面提供的一些建议，冬眠可以在圈养情况下安全进行。

夏眠以及过热气候

　　对地中海陆龟来说，其冬眠的例外即这一类群所生活的区域会经历暖冬，例如摩洛哥南部、西班牙或是突尼斯和利比亚的沿海地区。在这些区域，冬季白天的温度常常超过20℃（并且能达到28℃）。在这样的条件下，陆龟能够在整个冬季都保持完整的活动性和进食。这些相同区域还可能经历酷热和干旱的夏季。以摩洛哥南部为例，7月份的日间温度可以超过48℃。这样的高温以及几乎没有适合进食的植物将导致夏眠的发生。这些陆龟将自己掩埋在地下，将自己与难以忍受的酷热隔离开来，并且尽可能少地

上图：陆龟像鸟类一样排泄出半固态的尿酸盐。所有食物必须在冬眠开始之前经过胃肠道。

消耗能量。虽然从表面上看似冬眠，但夏眠是一种完全不同的生物学过程，这两者不应该相混淆。冬眠和夏眠仅仅在某种意义而言

> 如果陆龟最近吃了东西，请不要尝试让它们进行冬眠。

是相似的，即陆龟都将进入一个季节性的休止状态。

非冬眠种类陆龟

那些从来不进行冬眠的陆龟中包括埃及陆龟和突尼斯陆龟以及所有热带陆龟，包括红腿陆龟、非洲盾臂龟、豹纹陆龟、印度星龟以及折背陆龟。

对于陆龟来说，在秋季来临时逐渐减少它们的食物摄取是很自然的一件事。陆龟的消化系统在很大

程度上由温度控制，但是，一般来说当陆龟的生物过程慢下来时，它会利用2～4周的时间来进行食物最后的消化以致其完全经过胃肠道（具体时长取决于陆龟的大小；小型陆龟需要较少的禁食时间，大型的则需要更长时间）。换句话说，如果陆龟在近期刚刚进食，不要尝试让它们冬眠。在禁食期间，保持陆龟在适当室温中——高于10℃但低于18℃。在逐渐减弱光照水平的同时让陆龟为冬眠做准备。

当未消化食物可能还存留在胃中时，要拖延冬眠的开始时间而不是允许陆龟进行冬眠。那些体内带有残留食物进行冬眠的陆龟不太可能健康地生存。食物腐烂会产生大量气体，能够引起潜在的致命腹痛。

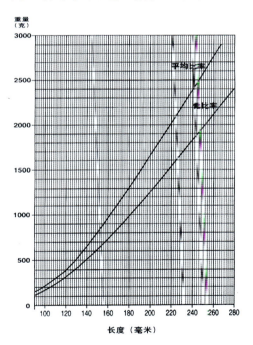

上图：杰克逊图表显示了地中海陆龟在冬眠之前的平均重量／长度的比率。比率较低的陆龟是不应当进行冬眠的。注意：这只应用于希腊陆龟和赫曼陆龟。

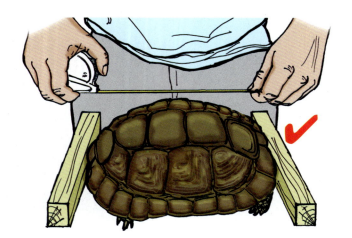

左图：这是为计算杰克逊比率（见上页图表）采用的正确测量陆龟龟壳长度的方法。

右图：这一做法是错误的。任何以陆龟龟壳曲线来进行的测量都将产生错误的重量／长度比率结果。

左图：为陆龟称重以做冬眠的准备。

冬眠——在室外还是室内

室外或是自然条件下的冬眠允许陆龟挖掘它们自己的洞穴，而不是让它们冬眠在具有可控环境的盒子内。在野外，陆龟通常挖地把自己埋入大岩石下、树根下或是地面边缘中。挖掘的洞穴可能有数英尺深。

室外与室内冬眠

自然条件下的冬眠优点和缺点并存。从有利方面来看，即便是在恶劣的天气条件下冰冻也是很不容易发生的，因为地下几英寸处的温度实际上是很稳定的。即使在最恶劣的天气条件下，冰冻也很难穿透超过5厘米的深度。如果你饲养的

陆龟在之前已经通过这个方法安全地进行过冬眠，那就没必要打破常规。自然条件下的冬眠从本质上来

说并不危险。但需要注意的是，地中海陆龟对于潮湿环境尤为敏感，因此任何冬眠区域都必须保证排水良好或者是在天然干燥环境中进行。但是，自然条件下的冬眠的缺点包括：

1. 水涝。如果这个情况发生了，那么陆龟将处于极大危险中。

2. 在冬眠期间进行健康检查几乎是不可能的。

3. 总会有来自狐狸、浣熊（在美国）、啮齿类动物（左图）或类似食肉动物攻击的危险。

上图：室外或是自然条件下的冬眠允许陆龟挖掘它们自己的洞穴，而不是让它们冬眠在具有可控环境的盒子内。

冬眠期间要定期检查温度，在严寒期要特别警惕温度的变化

危险
—12℃
—10℃
理想
—5℃
—0℃
危险

人为控制的冬眠

在大多数情况下，我们推荐的在可控温度环境下的人为冬眠通常更加令人满意。

事实证明，一些陆龟很难在冬眠中安定下来，并且可能刮漏冬眠用的纸板盒底部。推荐使用胶合板制作的盒子，内衬有厚厚的聚苯乙烯，并且有碎纸制成的隔离层。然后将包含有陆龟的内部盒子放入这个大盒子中。整体容器应该放置在干燥、无霜冻期的环境中。近期进口的陆龟不应当进行冬眠，除非他们身体状况良好。状况可疑的陆龟

应当在温暖、干燥并且通风良好的玻璃容器内越冬。冬眠中最重要的一个因素就是温度的稳定性。在密闭范围中保持温度对于成功而健康的冬眠来说是极其重要的。

隔离仅仅减缓热量交换的速度，而不能完全地保留热量。因此，如果你让陆龟的冬眠纸盒持续处于绝对零度温度条件下，不论你的隔离做得有多好，纸盒将仍会变得很冷并且陆龟也将会死亡。如果你让陆龟冬眠纸盒温暖期过长的话，那么

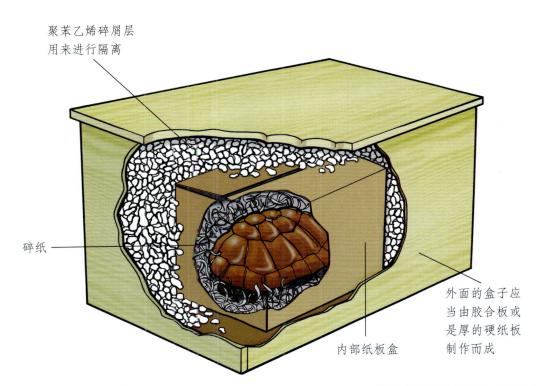

聚苯乙烯碎屑层
用来进行隔离

碎纸

内部纸板盒

外面的盒子应
当由胶合板或
是厚的硬纸板
制作而成

上图：冬眠期间的温度稳定性是很重要的。由两个盒子组成的设备提供了这样理想的环境。

陆龟将开始启用宝贵的脂肪和能量储备，并且甚至会过早地醒来。一般来说，我们推荐冬眠期最久为4个月，对于小型陆龟来说会短一些。对于安全冬眠及其重要的温度最大值为10℃、最小值为2℃。

上图：室外冬眠通常来说是安全的，因为冰冻极少能穿入花园土壤的深处。

在任何情况下都不应该将冬眠陆龟过长时间的置于高于10℃或低于2℃的温度环境下。如无法意识这一点的重要性会导致冬眠中陆龟的死亡或受伤。由于眼部完全冰冻成固态而导致的失明是冬眠温度降至过低而产生的极为悲惨的结果。检查温度的最

简便方法就是从任意园艺或五金器具商店购买一个高/低直读式温室温度计。在规定时间间隔查看温度计，在非常冷的春寒期如有必要每小时检查一次。如果注意到有持续过低或过高温度时，那么要暂时将陆龟转移到更加适宜的地方，直到温度再次稳定至一个令人满意的水平。如今的电子温度计是很便利的，它带有内置报警，如果温度超过预设限度则会发出声响。

冷藏室的冬眠

对于冬眠来说理想温度是5℃。在这一温度下，陆龟可以持续安全地睡眠，但是要面临霜冻的危险。在某些地区，控温冷藏室（但不霜冻）在冬眠中的使用被推荐作为地中海陆龟的安全可靠的冬眠方法。但是，如果使用此法，那么充分的空气流动就必不可少了。每48小时短暂地开门一次被证实是很奏效的做法。在冷藏室中，每只陆龟应当放置在它们自己的硬纸板箱内。这

小贴士

- 如果你怀疑有些陆龟可能是热带品种，那么千万别尝试让它们冬眠。那些在自然状态下不冬眠的陆龟种类一旦冬眠很可能会导致死亡。

- 不要试图在陆龟冬眠之前给它们喂食，如果你让它们在上消化道含有食物的情况下冬眠，则会受到严重威胁。在冬眠之前，陆龟需要在略低于正常温度的条件下至少要经历3周的禁食期。

- 记住（一般而言）越小的陆龟越可能发生因冬眠而死亡的结果。特别小型

- 陆龟的冬眠必须更短暂，并且要小心看护。

- 不要试图让那些你所怀疑患病的陆龟进行冬眠。让生病或体重过低的陆龟进入冬眠等于直接宣告它们必然死亡。

个纸箱应当比陆龟略大，并且填充一定量的碎纸。在起始温度12℃时将它们放入冷藏室内，然后在第一周内慢慢地降低温度直至达到稳定的5℃。

值得一提的是极小的幼龟可以非常安全地进行冬眠，它们在野外或室内都能够冬眠。但控温和稳定性是极为重要的。我们强烈推荐把"冷藏室冬眠法"应用在体长小于7.6厘米的陆龟中。温度稳定性和安全性可以通过允许幼龟埋入盘子中来得到保证，盘内最浅盛有7.6厘米厚的由含纤维质的栽植肥料、沙子以及中等沙粒胎等组成的松散基质。基质包裹着幼龟，它们的有效重量会极大提升，热稳定性得到改善，并且会达到更加自然的微气候，降低了脱水的危险。

保护免受食肉动物的袭击

如果冬眠陆龟的场所位于阁楼、简易棚、室外建筑或是类似的场所，那么就要确保仔细地监测温度，并且要保护冬眠箱免受那些十分危险的啮齿类动物的袭击。可能需要"霜冻保护"加热器来确保温度永远不会达到冰点。请向陆龟关怀组织中的"更安全的冬眠和陆龟饲养"相关部门寻求免费指导，以获得有关如何确保冬眠成功的完整信息。

右图：如果你采用硬纸板箱来作为陆龟冬眠的场所，那么要小心确保纸箱的结实度，以免被可以咬穿这些材料的食肉动物所攻击。

左图：一只赫曼陆龟的幼龟。大多数诸如此类的幼龟可以安全地冬眠8～12周的时间，并且可以在成年龟自然醒来的前一个月被叫醒。

从冬眠中醒来

　　3月到4月初是大多数成年陆龟从冬眠中自然醒来的时间。这对于陆龟来说是很重要的时刻，因为它们需要开始尽快进行喂食，并且由于它们的食物储备大大耗尽，这时的它们面对疾病和传染病是很脆弱的。在2月中每周要检查一遍陆龟，并且在3月里检查要更加频繁；如果发现它们已经醒来或是减轻了过多体重（任何体重减轻超过10%就要引起注意），那么就要做好把它们从冬眠中移除的准备。排泄出的尿要立即移除。下面所述的要点可以帮助饲养者在陆龟醒来时确定其健康状况。

　　● 陆龟的眼睛应当是睁开并且明亮的，如果不是的话，要用温水

下图：在陆龟醒来时检查它的眼睛——应当是清亮并且完全睁开的。

上图：日照灯可以帮助刚从冬眠中醒来的陆龟进行暖身。

给它们清洗。如果它们仍旧没有彻底睁开，那就要检查是否有白色物质或云状烟雾附在眼角膜上的迹象，或是否有黏液存在，如有的话，就表明陆龟已受感染。

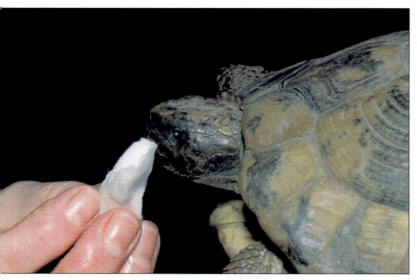

上图：如有必要，轻轻地清洁陆龟的眼、鼻、口。

下图：查看舌头是粉色、健康的，并且没有沉淀物。

● 打开陆龟的嘴检查舌头的颜色。舌头应当是健康的粉色，或是北非陆龟的那种橘红色。此外，舌头上面不应当有白色或黄色的沉积物。要检查那些舌头颜色过于红的陆龟，那可能说明发生了感染。如果你很难将它们的嘴打开，可以在陆龟饮水时小心查看，因为在它们饮水时嘴巴会轻微地打开。

● 在陆龟暖身且同本书第56页描述的浸润过后，它们就可以准备进食了，但是有些陆龟的这一过程需要耗费几天时间。而其他一些陆龟会喜欢直接进食并且不需要饮水。但是，要持续几天都给陆龟进行每天10分钟的

上图：为陆龟滋润身体，将它们浸润在含水深度大约在25毫米的略温的盆中。

浸润，并且注意第一次排出的小便。起初，小便常常有点黏稠或微黄色，但在几天内尿酸盐应变回正常的白色。

● 查看尾部是否有任何不寻常的气味或分泌物，尤其是淡黄色物质。尾巴内轻微的感染是很平常的，尤其是处于交配活跃期的雄性陆龟。但是，一旦发现感染情况则需进行兽医治疗。

● 随着时间的推移，要特别注意停留在冬眠中的陆龟状态。每天检查它们的移动和排尿情况。到了4月要准备叫醒那些仍在瞌睡的陆龟。不要漏掉任何一只。

● 不要忘记如果陆龟的体温不够高的话，它们是不能进食的。在凉爽或阴天气候下为它们提供额外的日晒灯。在这一敏感时期，陆龟需要额外热量和光照使得他们的机体功能恢复正常运转。

索　引